奇趣百科馆

植物天地

ZHIWU TIANDI

九色麓 主编

二十一世纪出版社集团
21st Century Publishing Group
全国百佳出版社

目录

第一章
什么是植物

在地球上，到处都分布着植物，即使在沙漠中也有它们的身影。植物制造出了地球上所有生物赖以生存的氧气和食物，是自然界中不可缺少的部分。

植物的 **起源**

植物没有神经，没有感觉，具有叶绿素，以无机物为养料，是地球上最重要的生命之一。你知道植物是怎么形成的吗？

生命的摇篮

别看我们周围有着各种各样的生命，但其实海洋才是生命的"摇篮"，地球上的生命是从海洋开始的。细菌等微生物最先出现，这些原核生物是所有生命体的"祖先"，它们改造了大气成分，为其他生命的出现奠定了基础。

蓝藻的作用

很多人都认为，陆地上的植物是由蓝藻进化而来的。蓝藻属于原核生物，是藻类中最原始、低级的一类。最开始的时候，蓝藻生活在原始的海洋中，利用太阳光和二氧化碳为自己"制造"能量，并且释放出氧气。

上岸的植物

随着时间的推移，海洋中的藻类植物越来越多了。为了获得更多的生存空间，有些植物进化成可以在陆地上生活的植物。为了适应陆地上的环境，这些植物的组织逐渐变得复杂，终于为一片死寂的陆地装点了一丝亮色。

植物的命脉：

根

根的形态

　　大多数的植物都有根，但是根的形态多种多样。比如，萝卜的根就是我们平时吃的那一部分；常春藤的根不仅能伸入土壤中，还可以攀上依附物，紧紧地缠绕在上面。

 小档案

　　在植物界中，大约有10万种低等植物是没有根的，因为它们还没有进化到具有根这个器官的水平。

根系的分类

你看见过雪松、蒲公英的根吗？它们的根竖直向下，有一条发达的主根，周围还有一些侧根。这种根系叫做直根系。你看见过水稻、玉米等植物的根吗？它们没有发达的主根，但有很多较长且粗细均匀、像胡须一样的根，这种根系就叫须根系。植物的根系就分为这两种。

直根系

须根系

根的作用

根是植物最重要的组成部分之一：它是植物的"嘴巴"，能从泥土里吸收营养和水分；它又是植物的"手"，能牢牢地抓住土壤，起着固定植物的作用。

第一章

什么是植物

植物的脊梁与血管：

茎

茎的种类

　　茎是植物的中轴部分，有的直立，有的匍匐在地。按茎的生长位置，茎可以分为地上茎和地下茎；按茎的质地，茎可以分为木本植物和草本植物。

变态茎

　　因为生长环境的演变，有些植物的茎的形态十分特别，这就是变态茎。变态茎分为地下变态茎和地上变态茎两大类。地上变态茎主要有茎刺、茎卷须、叶状茎和肉质茎；地下变态茎可分为根状茎、块茎、球茎和鳞茎四种。

导管

运输管道

木本植物的茎里有两种运输管道——导管和筛管。导管把植物从土壤中吸收的水分和养料运送到叶、花和果实中；筛管把叶子制造的养分运输到其他地方。筛管长在树皮里，由许多活细胞上下连接而成。相邻的两个活细胞之间的横壁看起来就像筛子一样，有许多小孔。

茎的作用

茎既像脊柱一样支撑着植物，承受着枝、叶、花、果的重量，同时抵抗风、雨、雪等外力，还像血管一样，将营养和水分输送到植物全身。

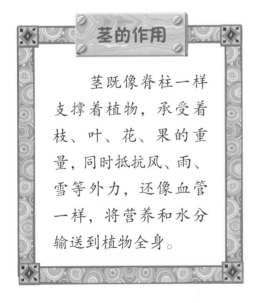

筛管

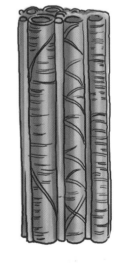

导管

11

植物的绿色工厂：
叶子

叶子的形态

叶子形态多种多样，有细长如针的针形（马尾松），有叶片狭长的带形（水稻、小麦），有叶基较宽的披针形（桃、柳）；有椭圆形（茶树），有扇形（银杏），还有像汤勺一样的匙形（白菜），等等。

除此之外，还有三角形、镰形、心形、掌形等形态的叶子。百岁兰的叶子形态很特别，它的叶子呈倒圆锥状，叶片又长又宽。百岁兰的一生只长两片叶子，但每一片叶子能活百年甚至千年的时间，所以它又叫"活化石"。

光合作用

叶子是植物的"绿色工厂"，它能通过叶绿素进行光合作用，从而制造出养分。这不仅能维持植物本身的生长，还能为动物和人类提供养分。此外，叶子还能"呼吸"，释放出氧气和水蒸气。

蒸腾作用

树叶是植物自带的小型"加工厂"，它除了能进行光合作用之外，还能进行蒸腾作用。蒸腾作用就像是一台抽水机，把根系从土壤中吸收的水分不断地往上输送，以维持植物生存需要。此外，蒸腾作用还可以驱散植物内部多余的热量，避免植物被阳光灼伤。

蒸腾作用

食草动物

提供能量

食肉动物

提供能量

第一章

什么是植物

生命的摇篮：
花朵和果实

雌蕊　　花瓣

雄蕊

萼片

花托

花的结构

花由花萼、花冠、雄蕊群和雌蕊群组成。花萼是花的最外一轮，由萼片组成。花冠位于花萼内层，由若干花瓣组成，是花中最显著的部分。

雄蕊群是一朵花中雄蕊的总称，位于花冠内；雌蕊群是一朵花中全部雌蕊的总称，位于花的中心。

花的作用

　　花朵是植物最美丽的部分，也是植物繁殖器官的一种，它们肩负着植物"传宗接代"的任务。许多植物用自己鲜艳的花朵来吸引昆虫或鸟类帮助它们传播花粉，从而孕育出果实。

花香的来源

花的香味来源于花瓣中的油细胞，油细胞会不断分泌出带有香味的芳香油。芳香油很容易挥发，当花开的时候，它就会随着水分一起散发出来，所以花朵闻起来很香。

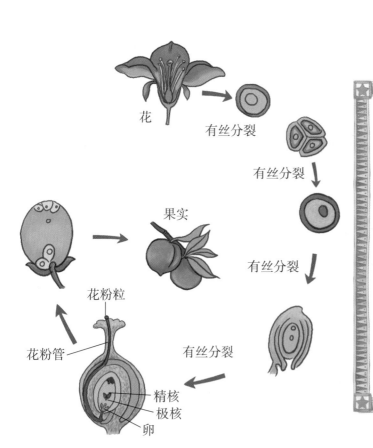

花

有丝分裂

有丝分裂

有丝分裂

果实

有丝分裂

花粉粒

花粉管

有丝分裂

精核

极核

卵

果实的形成

果实的分类

果实种类繁多，分类的方法也是多种多样。根据果实的发育部位、结构特征，果实可以分为真果、假果或单果、聚合果和复果；根据果皮成熟时是脱水干燥还是肉质多汁，果实又可以分为干果和肉果。

16

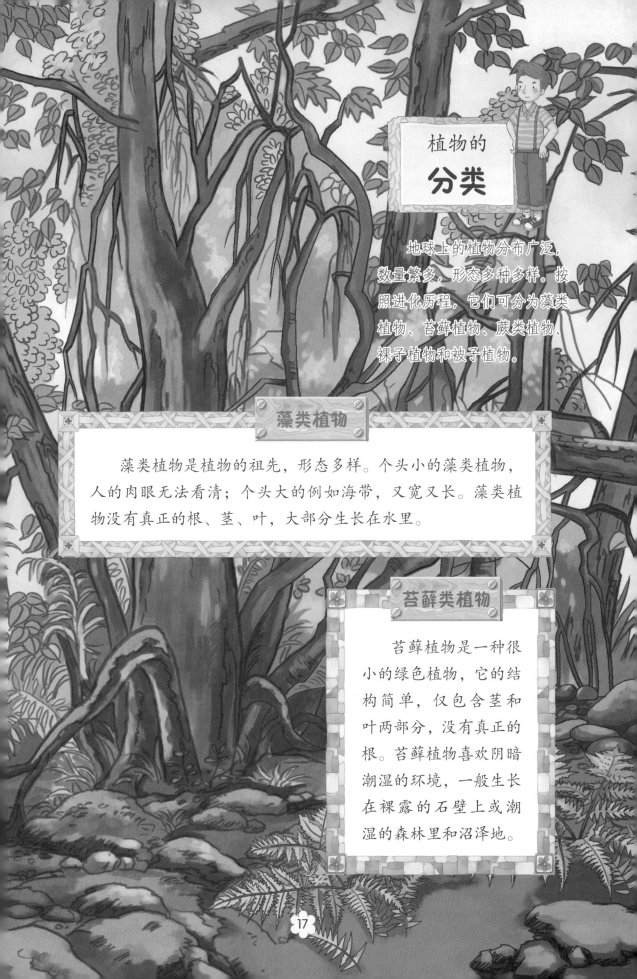

植物的 分类

地球上的植物分布广泛，数量繁多，形态多种多样。按照进化历程，它们可分为藻类植物、苔藓植物、蕨类植物、裸子植物和被子植物。

藻类植物

藻类植物是植物的祖先，形态多样。个头小的藻类植物，人的肉眼无法看清；个头大的例如海带，又宽又长。藻类植物没有真正的根、茎、叶，大部分生长在水里。

苔藓类植物

苔藓植物是一种很小的绿色植物，它的结构简单，仅包含茎和叶两部分，没有真正的根。苔藓植物喜欢阴暗潮湿的环境，一般生长在裸露的石壁上或潮湿的森林里和沼泽地。

蕨类植物

蕨类植物经常和苔藓做邻居，蕨类植物也喜欢在阴暗潮湿的环境中生活。不同的是，蕨类植物不仅有茎和叶，还进化出了真正的根。

裸子植物

裸子植物有发达的根系，可以伸到地下吸取水分，绿叶则可以"制造"出大量的有机物，粗壮的茎可以支撑植物体向上生长。但裸子植物的胚珠几乎都是裸露的，容易被鸟类等吞食。

被子植物

比裸子植物进化得更完善的被子植物，已经完全适应了陆地环境。我们的地球因为有了这些植物的点缀，才会充满生机，才能如此美丽。

第二章
植物的生长

生命是一段奇妙的旅程——植物从一颗小小的种子，长成幼苗，最终生长成一株参天大树或红花绿草，令人不免惊叹生命的力量！

植物的
生命周期

植物有一个特点，它会不断地生长，直到死亡。植物的一生，是从种子萌发到成长、开花、结果，再到枯萎死亡。植物的生命周期有长有短，短的几个月，长的则有上千年。

一年生植物

有的植物从种子萌发开始，然后形成幼苗，经过生长发育后，开花、授粉，然后长出果实、种子，最后枯萎死亡，时间只有一年或更短，这就是一年生植物。向日葵、苍耳、花生、水稻都是常见的一年生植物。

二年生植物

二年生植物是指在两年期内完成生命的一个周期。第一年在种子萌发的时候只长根和叶子，要到第二年才开花结果，然后死亡。如萝卜、白菜、洋葱等，都是二年生植物。

二年生植物——白菜

多年生植物——瓶子草

多年生植物

多年生植物是指能连续生活多年的植物，如木本植物、蒲公英和瓶子草等。

有些植物虽然有数年寿命，但生命中仅开花、结果一次，然后便枯萎死亡，被称为"单次开花植物"，如龙舌兰、竹子。

植物天地

种子是植物传宗接代的繁殖器官，种子萌发是植物生命发展的最初阶段，也是植物生长过程中最有活力的阶段。

生命的萌芽：

种子

种子受潮吸水后，种皮慢慢膨大，开始代谢活动。随后，种子的胚根突破种皮，向下生长形成主根。胚轴也相应生长，把胚芽连同子叶一起推出地面，这就形成了茎和叶。子叶伸出地面，伸展开来，变成绿色，进行光合作用。

种子的力量

虽然新长出的幼苗看上去很柔弱，但蕴藏着顽强的生命力。一棵幼苗破土而出时，甚至可以顶翻压在它上面的一块石头。

无心的播种

在森林里，一到春天就见到一<u>丛</u>丛、一簇簇松苗破土而出。这不是人工培育的苗，而是松鼠"种"的。每年秋天，松鼠会把自己喜欢吃的松子藏在洞里，可它们的记性不太好，总是忘记"仓库"的位置。于是，到了第二年春天，被松鼠遗忘的松子就发芽了。

开花结果

梨子

植物长到一定阶段后，就会开花、结果，靠种子开始新的生命历程。一般来说，开花、结果是被子植物有性生殖的重要环节。只有经过传粉和受精，植物才能产生种子，繁衍后代。

传粉授精

很多植物想要形成种子，就必须传粉授精。当花粉落到柱头上之后，柱头就会长出花粉管。花粉管进入子房，到达胚珠。花粉管中的精子与胚珠中的卵细胞结合，形成了受精卵。于是，种子开始形成了。

花粉的传播

在自然条件下，风和昆虫是花粉传播的主要帮手。以昆虫为媒介的传粉方式称为"虫媒"。最常见的传粉昆虫有蜜蜂、蝴蝶等。靠风力传送花粉的传粉方式叫"风媒"，杨树的花就是典型的风媒花。

与众不同的植物

梅花是一种与众不同的植物，别的植物在严冬时瑟瑟发抖，可梅花却在严寒中傲然绽放。梅花花瓣娇小玲珑，但颜色多样，有红色、粉色、白色、绿色等。当你走进一片梅花深处，犹如进入了一个人间仙境。梅花是"虫媒"植物。

第二章

植物的生长

植物的
光合作用

每一片绿叶都含有叶绿素，叶绿素能借助太阳光的能量，把二氧化碳和水分加工成碳水化合物并释放出氧气——这就是光合作用。

光合作用示意图

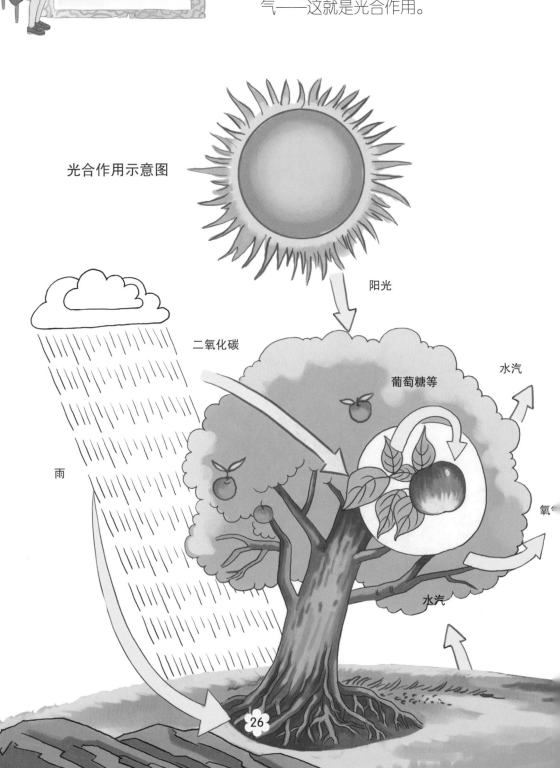

阳光

二氧化碳

葡萄糖等

水汽

雨

氧气

水汽

光合作用

光合作用可以利用太阳光，制造出有机物，为人类和动物提供食物，还能吸收二氧化碳，释放出氧气。

重要的叶绿素

叶子里面含有大量的叶绿素，所以叶子看起来是绿色的。同时，叶绿素更是植物进行光合作用的重要成分。

光合作用的发现

很早以前，人们认为植物制造有机物只是从土壤中获得原料的。1771年，英国科学家普利斯特利发现植物和氧气的产生有关。后来，经过许多科学家的实验，才发现了光合作用的原理。

第二章
植物的生长

树木的 年轮

如果将一棵树的树干锯断，我们可以在它的截面上看到一圈一圈的木纹，这些木纹就是年轮。

年轮的形成

在树皮和木质部之间，有一层分裂能力很强的细胞，叫形成层。春夏时节，形成层分裂出的细胞又多又大，形成的木材质地疏松，颜色较浅；秋冬季节，形成层分裂出的细胞既少又小，形成的木材质地细密，颜色较深。于是，树干就有一圈圈的环了。

年轮的作用

人们可以根据年轮来推测树木生长期内的气候状况：年轮排列疏松表示气候温暖湿润，年轮排列紧密表示气候干燥。

第三章

最古老的植物：藻类植物

　　地球形成之初，地面一片荒芜，没有任何生命。随着时间的推移，生命在海洋中诞生了。再后来，藻类植物出现了，地球逐渐有了生机和活力。

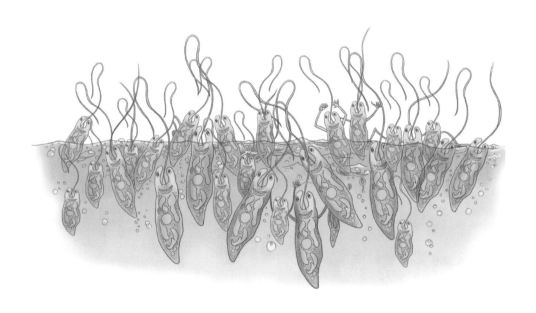

藻类植物是最古老的一种植物，它的种类繁多，一般生长在水里，有的也会生活在潮湿的地方。

最古老的植物：
藻类植物

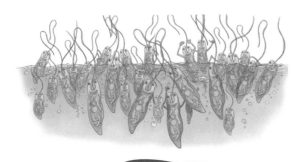

藻类植物的身影

藻类植物的适应性很强，从热带到两极，从潮湿的地面到空气稀薄的土壤，到处都有它们的身影。

藻类植物的特征

藻类植物的大小差异很大，最小的直径只有1微米~2微米，用肉眼根本看不见；最大的长达60多米。藻类植物没有根茎叶的分化，藻体就是一个简单的叶，它有叶绿素，能进行光合作用。

蓝藻的色素

蓝藻都含有一种特殊的蓝色色素，它因此而得名。值得注意的是，有些蓝藻还含有其他的色素，有绿色的，有黄色的，还有红色的。红海海水变"红"，就是因为水中含有大量藻红素的蓝藻，使海水呈现出红色。

辈分最高的藻类：蓝藻

小档案

蓝藻是单细胞生物，在所有藻类生物中，蓝藻的辈分最高，也是最简单、最原始的一种藻类。

蓝藻

"藻"之初，性本善

蓝藻能进行光和作用，释放出氧气，本来是非常有可取之处的一种植物。但有时候，蓝藻也会给我们的生活造成困扰。在盛夏，当水体温度升高、营养变得丰富时，蓝藻就开始疯狂生长，扩张地盘，很快在水面制造一层蓝绿色且带腥臭味的浮沫——"水华"，这片水域就被大片蓝藻覆盖、污染。与此同时，水里的鱼就会缺氧而死，甚至会威胁人类的健康。

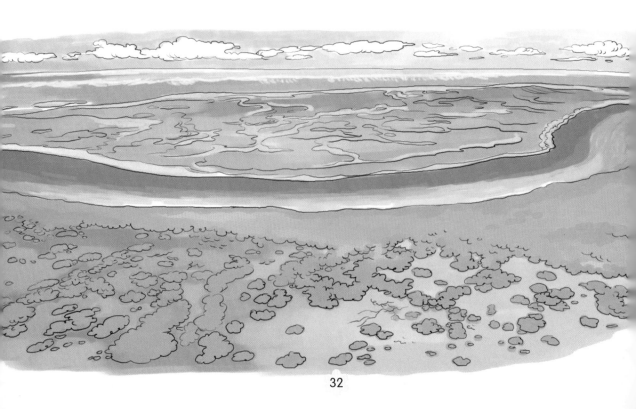

绿藻有细胞核和叶绿体，还有相似的色素、贮藏养分及细胞壁的成分。这比蓝藻高级多了。绿藻生活在淡水中，体形多种多样，有单细胞、群体，还有丝状体或叶状体。

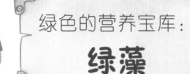

绿色的营养宝库：绿藻

自给自足的绿藻

绿藻浑身都是鲜亮的绿色，只要有阳光就可以进行光合作用，自己养活自己。同时绿藻因为没有食物的限制，到哪里都能迅速繁殖，所以它们可以几天内就占领一个池塘，让整个池塘被绿色覆盖。

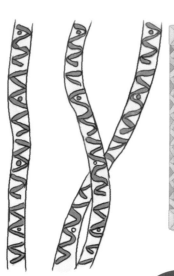

水绵

水绵是绿藻中的一种，它生长在池塘、湖泊，甚至是稻田里，很多鱼儿都以它们为食。水绵全身布满叶绿体，能够在水里制造大量的氧气，所以它是鱼儿的好朋友。

多功能的绿藻

绿藻的用处很多，可以当作鱼儿的食物，可以使人们的身体保持健康、充满活力，因为它的身体里有很多天然维生素、矿物质等"细胞补品"，因此养生专家都叫绿藻为"营养宝库"。

柔软似带的藻类：
海带

小档案

　　海带是大家非常熟悉的藻类植物。它生长在水温较低的海洋中，它的叶片像一条宽宽的带子，一般长2米~5米，宽20厘米~30厘米。

碱性食物之冠

　　海带在海里生长之时，叶片呈橄榄绿，晒干后就变成了深褐色或黑褐色。海带含有大量的碘，被人们称为"碱性食物之冠"，能够有效地预防"大脖子病"（甲状腺肿大）。

第三章

最古老的植物：
藻类植物

植物天地

营养价值丰富

海带的营养价值很高，在蔬菜中无出其右，就连被人们广泛称赞的菠菜和油菜都不能和它相提并论。除了维生素C以外，海带中的粗蛋白、糖、钙、铁的含量高出它们几十倍！

海带好吃，不要贪吃

海带的含碘量很高，能预防"大脖子病"，还能预防动脉硬化、降低胆固醇与脂的积聚。

尽管如此，大家也不能盲目、毫无节制地吃海带，特别是怀有宝宝的妈妈。一方面，海带有催生的作用；另一方面，吃多了海带还会影响宝宝们的甲状腺发育！

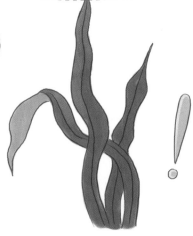

珊瑚藻适应环境的能力很强，在世界各地的海洋当中都能发现它们的身影。珊瑚藻身上有很多叶状体，而且都很坚固。

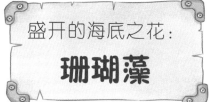

盛开的海底之花：
珊瑚藻

海底之花

地面上有盛开的鲜花，海底呢？当然有，但那些鲜花并不是真正的鲜花，而是由珊瑚藻构成的。珊瑚藻层层叠叠，堆积在海底，看起来如花朵一般。珊瑚藻以粉红色为主，紫色、黄色、蓝色、白色的也不少。

古典美人

珊瑚藻的主枝及侧枝都长有关节，上面生长着羽毛状的小分支。无数细小的分支向着四周发散开来，看上去就像一朵盛开的鲜花。珊瑚藻历史悠久，在恐龙时代之前就已经在海洋里构建美丽的海底之花了。因此，它们"古典美人"的称号还真不是浪得虚名。

建造珊瑚的助手

珊瑚虫是珊瑚礁的总工程师，但珊瑚藻也立下了汗马功劳。珊瑚藻能够分泌出石灰质的"骨骼"，这些骨骼像石头一样坚硬，它们和珊瑚虫的尸体混在一起，日积月累便堆积成了形态各异的珊瑚。

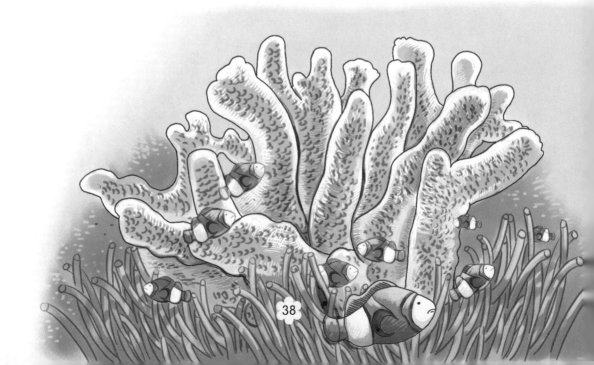

第四章

开拓自然界：苔藓植物

　　植物经历了从简单到复杂的长期演化过程，也经历了从海洋到陆地的艰难历程。苔藓植物，可算是最早生活在陆地上的植物。到目前为止，除了干旱的沙漠和浩瀚的海洋，我们都能看到它们的踪影。

自然界的拓荒者：苔藓植物

在植物界中，大多数植物都喜欢生长在阳光明媚的地方，但苔藓植物喜欢生长在潮湿、阴暗的环境中，大多生长在阴湿的树干或岩石上。

苔藓植物的特征

苔藓植物是一群小型的多细胞绿色植物，它们大多生长在潮湿和阴暗的环境中，是从水生植物到陆生植物过渡形式的代表。苔藓植物的植株非常矮小，长度只有几厘米。在生长过程中，苔藓植物可以大量地蓄积水分，堪称自然界的拓荒者。

小档案

泥炭藓是一种很常见的苔藓植物，它喜欢舒适、慵懒地趴在地上，懂得给自己安排合适的生存空间，每根枝条与枝条之间保持疏松的形态。

泥炭藓的特点

泥炭藓通常都是大片大片地生长在山地湿润地区或沼泽中。因为泥炭藓有一些非常特别的储水细胞，所以它的储水能力非常强大，是其他藓类的数倍至数十倍。

41

第四章
开拓自然界：
苔藓植物

如果人们把泥炭藓种在潮湿的土壤中，它将会迅速将这片土地变成沼泽，连森林都不敢惹它。因为泥炭藓能迅速占领其他植物的领地，释放很多的水，让其他植物无法生长。

小·植物大用途

要是在野外不小心被割伤了，把泥炭藓清洗干净，揉出汁液，涂抹在伤口上，就能快速杀死伤口中的细菌。

除此之外，泥炭藓常常被人们用来作为苗木和花卉长途用的运输材料，因为疏松的体型和超强的储水能力一方面能够保护花卉不受损，另一方面能为花卉提供充足的水分。

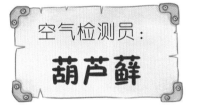

空气检测员：
葫芦藓

葫芦藓体形矮小，茎直立，叶子多生于茎的顶端。它没有真正的根，只有短而细的假根，起到稳固的作用。葫芦藓喜欢生长在阴暗潮湿的岩石和墙角。

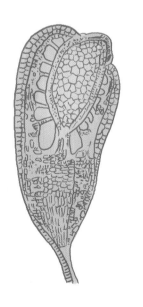

特别的帽子

葫芦藓通过孢子来繁殖，孢子隐藏在葫芦状的孢蒴中。蒴帽呈兜形，罩覆在孢蒴上部保护孢子。葫芦藓对水土要求不高，只要处于潮湿的土壤中，它就能快速生长。

第四章
开拓自然界：
苔藓植物

葫芦藓

空气质量"检测员"

葫芦藓喜欢生活在空气清新的环境中，对有毒气体特别敏感，在污染严重的城市和工厂附近一般很难生存下来。因此，人们就利用葫芦藓的这个特点，把它当成检测空气污染程度的指示物。

全身是宝：

金发藓

小档案

金发藓生长在土壤湿润的针叶林当中，它的体形较为高大，茎有中轴的分化，基部有较多的红棕色假根。

"高个子"苔藓

与藓类植物中的其他种类相比，金发藓有着高大的身躯和硬挺的叶片。它的外形和松杉类树木的幼苗十分相像。金发藓高约 10 厘米，是苔藓植物中的"高个子"。

第四章

开拓自然界：
苔藓植物

硬挺的叶片

金发藓的叶片很硬挺，它的叶片中有多层细胞，叶片腹面还有许多栉片，这些栉片能帮助金发藓进行光合作用。

你如果在野外看到金发藓，请不要随意采摘！因为它的叶子边缘还有一圈锯齿，很容易割伤手。

医学好帮手

金发藓全身是宝，是医学好帮手。早在11世纪中期的《嘉祐本草》一书中就有相关记载。金发藓全身都可入药，用它制成的药能缓解多种症状，如发烧、咳嗽等。

金发藓不仅能入药，还能做装饰品！金发藓的叶子四面伸展，看起来十分美丽，于是人们就将其采下戴在头上。

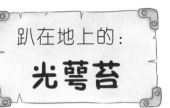

趴在地上的：
光萼苔

小档案

光萼苔的体形较大，多生长在树干上或阴湿的石壁上。它的种类很多，有 100 多种，在中国已经发现了 50 多种。

我的特点

光萼苔喜欢穿有光泽的褐绿色、黄绿色或暗绿色的衣裳；它的分枝形状各异，有的像羽毛一样整齐地排列，有的稀疏凌乱，长短不一，但它们都有一个共同的特点，那就是喜欢匍匐在树干或阴湿的石壁上。

文明的叶片

光萼苔的叶片形状各异，都是由单层细胞构成的。虽然这些细胞多得数也数不清，但是它们可文明了，还能像小朋友们一样排队！它们分枝上的叶片一般会排成三列，左、右两列叶片构成较大的侧叶，中间的一列叫腹叶。

热闹的大家庭

光萼苔的伙伴众多，以种类来算的话，全球共100多种。它的环境适应能力也很强，即使和其他苔藓植物混合在一起，也能很好地生长。

第五章

远古的生灵：蕨类植物

春天，我们在野外经常可以看见蕨菜，它们破土而出，还有一层嫩嫩的绒毛。顶端的叶子蜷缩在一起，像一个紧紧握住的拳头——这是蕨类植物的一种。蕨类植物历史悠久，在恐龙时代曾非常昌盛。

蕨类植物是一种古老的植物种类，它在3.6亿年前就出现了。蕨类植物是一种没有花而利用孢子进行繁殖的植物，它有着顽强而旺盛的生命力，遍布于全世界的温带和热带。

可口的蕨类植物：

蕨菜

最常见的蕨类植物

蕨菜是我们最常见的蕨类植物，它是没有任何污染的绿色野菜，不但富含人体需要的多种维生素，还有清肠健胃、降压化痰等功效。所以，我们可以把蕨菜采回去，做成美味的菜肴。

石松又叫伸筋草，它的茎是圆柱形的，细长而弯曲。石松的叶片很多，像针一样。石松喜欢生长在温暖湿润的环境中。

悬崖边的"卫兵"：

石松

脱俗的韵味

人们说石松身上有一种毫无矫饰的美和一种超凡脱俗的神韵，看到它坚强的身躯，总会让人对生命多一份感触。所以，文人墨客总喜欢吟诗作画赞叹石松。

石松

作用多多

石松不仅好看，而且好用。它的根含有丰富的淀粉，可以食用，也可以用来酿酒。不仅如此，石松还能帮助人们勘探矿藏，铝矿就藏在它生长的"脚"下。此外，石松还能作为点火的材料，用于火箭、信号弹的发射。

顽强的风姿

和迎客松一样，石松也喜欢生长在悬崖峭壁上。虽然石松没有迎客松那样高大魁梧，但它还是会将树冠自信地朝两侧伸展，远远看去就像一位张开双臂的主人，在热情地迎接从远方来的客人。

铁线蕨喜欢生活在温暖、湿润和半阴环境中。它的体形不大，一般高15厘米～40厘米。它的茎是细长细长的，像铁丝一样。

少女的发丝：
铁线蕨

名称的由来

铁线蕨的茎又细又长，又是棕褐色的，和我们常用的铁丝看起来很像，因此而得名。铁线蕨的叶柄是黑色的，纤细而有光泽，质感柔美，和少女的头发很像，因此人们又称之为"少女的发丝"。

第五章

远古的生灵：
蕨类植物

讨厌阳光

　　铁线蕨喜欢生活在溪流边上或山谷潮湿的石头缝里，最讨厌既干燥又阳光强烈的地方，尤其不能忍受夏天毒辣的阳光。但这并不是说铁线蕨只能躲在黑暗中，对于室内的散光，它还是能接受的。到了寒冷的冬季，它们也喜欢暖烘烘的阳光，只是不能被太阳晒得太久！

热门盆栽品种

　　铁线蕨株型小巧，形态优美，适合家庭盆栽，因此受到人们的欢迎。通常，人们把它摆在阴凉的居室、门厅、走廊中，因为它能带给人们绿色的视觉盛宴。

岩缝里的风景

松叶蕨的历史非常悠久，在3亿年前就出现了。它通常生长在山上的岩缝里，形成一道道美丽的风景。夏天是松叶蕨生长旺季，如果有充足的水，它将会长得更加美丽。

小档案

松叶蕨喜欢附生在树干上，也喜欢生长在岩石缝里。它的茎是绿色的，上面还有分枝；它的叶子很小，样子像鳞片。

岩缝里的风景：松叶蕨

美丽的枝条

松叶蕨的叶子非常娇小，稀稀疏疏地分布在枝干，显得毫不起眼。松叶蕨的枝条纤细柔美，在石头的衬托下，显得极为雅致，因此人们把松叶蕨养在家里，使家里显得温馨别致。

栽植时，要注意

松叶蕨和石头的完美搭配能够给人们家中增添几分意韵，所以很多人把它栽到家里的假山或花盆中。

在栽植时，你可不要忘了在盆底或岩石上垫一层苔藓或腐殖土，还要注意别浇太多水，否则，松叶蕨就会生长不良。

满江红虽然生长在水田或池塘中，但它不是藻类植物，而是蕨类植物。满江红的体形很小，多呈三角形、菱形或类圆形。

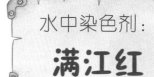

水中染色剂：
满江红

名字的由来

在春季，满江红的叶子是绿色的；到了秋天，它们的叶子就会变成红色。满江红一般都是大片大片地生活在一起。到了秋天，整个水面好像都被染红了，所以它就叫满江红。

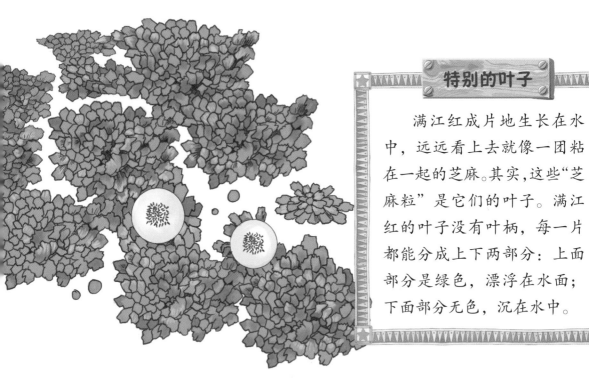

特别的叶子

满江红成片地生长在水中，远远看上去就像一团粘在一起的芝麻。其实，这些"芝麻粒"是它们的叶子。满江红的叶子没有叶柄，每一片都能分成上下两部分：上面部分是绿色，漂浮在水面；下面部分无色，沉在水中。

绿色肥源

在江南水乡，当地人经常把满江红弄到农田中去，因为满江红的上裂片下部的空腔内有一种共生蓝藻——鱼腥藻，鱼腥藻能将空气中的氮元素变成"氮肥"。因此，满江红就成了赫赫有名的"绿色肥源"。

第六章

最早的种子植物：裸子植物

　　裸子植物是原始的种子植物，它们最初出现在古生代，距今已有了三四亿年的历史。直至现在，它们还生活在地球上的各个地方。常见的裸子植物有苏铁、红杉、松树、银杏等。

裸子植物是地球上最早的以种子来繁殖的植物。在当今，它们占据了大约80%的地球森林资源，但种类只有800多种。

最早的种子植物：

裸子植物

裸子植物的特征

裸子植物都是多年生木本植物，大多数为单轴分枝的高大乔木，枝条常有长枝和短枝之分。裸子植物的叶子大多数为针形、条形或鳞形，极少数为扁平的阔叶；叶子常有明显的、多条排列的浅色气孔带。它们还有强大的主根。

开花的铁树：
苏铁

名称的由来

在我国民间，苏铁通常被称为"铁树"，其原因有二：一是，有人说苏铁的木质细密，入水即沉，重得像铁一样；二是，有人说苏铁在生长过程中需要大量铁元素，就算它快要死了，只要用铁钉钉到它的主干中，它也能起死回生。

小档案

苏铁主要生活在印度尼西亚至中国南部以及日本南部地区。它的茎又粗又短，叶子集中生长在茎的顶端，非常大，而且很坚硬，像鸟儿的羽毛一样排列整齐。

铁树开花并不难

俗语"铁树开花，哑巴说话"是指事物的漫长和艰难。苏铁开花真的很难吗？并不是的。在苏铁的原产地，它几乎年年都开花。只是人们把它移植到较冷的地方后，它的生长几乎停滞，更别说开花了。

不一样的花

苏铁的花长在植株顶端，雌雄异株。雄花由无数鳞片状的雄蕊构成，雌花则由一簇羽毛状的心皮围成。雌花的心皮下部两缘会生出数枚胚珠，种子就在胚珠中发育成长。苏铁的种子是朱红色的，还有毒！

62

巨杉，听名字，就能想象它的样子。巨杉长得非常高，最高的有 110 米。它长得也非常粗壮，是所有树木中最粗壮的一种。巨杉的皮是灰色或灰褐色，树冠呈圆锥形。巨杉主要分布在美国。

森林中的巨人：
巨杉

生活习性

巨杉的寿命很长，活上 3000 年不在话下。它喜欢生长在高海拔地区，即使经历寒冷、大雪和雷击的袭击，它依然挺立。巨杉的高度虽然不如海岸红杉，却比它们更加庞大稳固。

和其他裸子植物一样，巨杉存在的历史也非常悠久。

昌德利亚

　　红杉虽然不是巨杉，但它同样高大雄伟。有一棵叫"昌德利亚"的红杉活了2400多年，它生长的地方恰好位于一条公路的必经之处，于是人们在它树干部位挖了一条隧道，公路就从树洞里穿过。这个大树洞成为了那条公路的著名路标。

生长之谜

　　一直以来，人们对巨杉的长寿和粗壮特别感兴趣。首先，巨杉根系发达，能从营养最丰富的地层吸取水和无机盐。其次，当地潮湿多雨的气候，适合巨杉的生长。再次，巨杉的抗灾能力突出，身体还含有一种化学物质，能防腐、防虫、防真菌。

森林的骄子：红桧

小档案

红桧是台湾的特有树种，喜欢生长在温和湿润的大山里。红桧数量稀少，现在已经濒临灭绝。

亚洲树王

在台湾，红桧被人们尊称为"神木"，因为它树形高大挺拔，最高可达 60 米，直径也能达到 6.5 米，只比红杉、巨杉小一点儿。此外，红桧还可以存活上千年的时间，所以它又被人们称为"亚洲树王"。

红桧的故乡

红桧原产于台湾，台湾雨水充沛、四季如春，特别适合它的生长。在台湾，有一株被称为"大雪山二号"的红桧，树干中有一个大洞，洞内可放得下一顶供四人住的帐篷。

森林的骄子

因为红桧的树干都是笔直的，又粗又壮，所以用它加工出来的木制品特别优良，还能散发出奇特的清香，可以有效地避免虫蛀。因此，许多木匠称之为森林的"骄子"。就因为这样，红桧遭到破坏性的砍伐，现在已濒临灭绝。

死过一次的植物：
崖柏

崖柏喜欢生活在海拔较高的浅薄土层或岩石中。它的树干呈灰褐色或褐色，树叶多呈刺形或鳞形。在恐龙时代，它就出现了，在白垩纪曾有过鼎盛时期。

历经磨难

大自然从来不会对弱者垂怜，生命力不够顽强的物种，时刻都有被淘汰的危险。崖柏就曾险被大自然所放弃，幸运的是，从小生长在悬崖峭壁上的它生性顽强，历经重重磨难后，成为了自然界中极为少见的"死而复生"的植物。

婀娜的身姿

因为生长在悬崖上，为了争取阳光和水源，崖柏不得不把原本笔直的身子扭曲得像藤蔓一样。没想到这样歪歪扭扭的身子在根雕艺术家的眼里是美丽的，他们用崖柏雕刻出一件又一件精美绝伦的艺术品。

绝境逢生

你们可能不知道，现在长得郁郁葱葱的崖柏，居然是已经"死"过一次的植物。在上个世纪，研究人员来到山中想寻找崖柏，可他们发现原来生长崖柏的那片森林已经被砍伐了。就在大家认为崖柏已经灭绝时，一场洪水把它们从深山里冲了出来，人们才找到崖柏，并将它们保护起来。

第七章
进化地位最高的：被子植物

被子植物是植物发展史上最晚出现的一类高等植物，也是进化地位最高的植物，它因为有显著而美丽的花朵，故常被称为显花植物。被子植物只有一亿多年的历史，但它与我们的生活和社会发展有着密切的关系。

进化地位最高的：
被子植物

被子植物的特征

被子植物是植物界中种类最多、分布最广的类群。这和它的结构复杂化、完善化是分不开的。特别是被子植物繁殖器官的结构和生殖过程的特点，使它不断产生新的变异和新的物种，从而在地球上占据了绝对优势。

与其他植物相比，被子植物有根、茎、叶、花、果实和种子。被子植物的外形和种类差异很大，有参天大树，也有娇嫩小草；有蔬菜、水果，也有花卉、药材。

小档案

　　菊花是多年生草本植物，秋天开花。经过人工培育后，菊花的颜色繁多，花色亮丽鲜艳，花瓣形状也各不相同，是中国的十大传统名花之一。

迎霜绽放

　　菊花一般在日照较短的季节里绽放。因此，在春夏季日照比较长的季节里，菊花并不开花。立秋以后，日照的时间开始缩短，它才开始孕育花蕾，开出艳丽的花朵。花谢之后，菊花的部分茎开始枯萎，留下宿根越冬。第二年春天，它又开始萌发新枝。

重阳赏菊

　　赏菊，一直是中国民间流传的习俗，远从古代的京都帝王宫廷、官宦门第和普通百姓，近至当今中国各城市的人民群众，每年都在秋天举行各种形式的赏菊活动，而农历九月初九的重阳节更与菊花结下了不解之缘。

　　重阳节又称菊花节，是菊花盛开的时节。据传，重阳赏菊起源于晋朝诗人陶渊明。陶渊明以诗酒出名，也以爱菊出名；后人纷纷效仿，于是就有了重阳赏菊的习俗。到了北宋，重阳赏菊的习俗就兴盛起来了。

山茶花的花朵艳丽，花瓣呈碗形；正面为深绿色，叶柄粗短。它喜欢生活在温暖、肥沃的酸性土壤中。

花中仙子：山茶花

生长环境

最初，山茶花生长在长江流域的山区。它很怕热，20℃～25℃是最适合的温度。当气温达到29℃时，山茶花就会停止生长；当气温高达35℃时，它的叶子就会被晒伤。

美丽的山茶花

山茶花姿态优美，枝干又细又高，在冬季，枝叶依旧茂盛无比。它的花朵娇艳无比，颜色各异，有红色、粉色、紫色等，格外美丽。

植物天地

咬定青山不放松：

竹

小档案

岁寒三友

竹、松、梅在冬天郁郁葱葱，经雪不衰，所以被人们称为"岁寒三友"。古往今来，不管是文人墨客，还是普通百姓都对它们坚贞不屈的品格和精神赞赏有加，因此它们成为了人们歌咏的对象。

竹子是一种常见的被子植物，它分布在热量稳定，雨量充沛的热带、亚热带及温带地区，如中国的南方。竹子的个儿挺高，枝干挺拔，叶子呈狭披针形。

惊艳的绽放

一生之中，竹子能开一次花，开花之后，它的生命就完结了。这是一次惊艳的绽放，是竹子生命最完美的落幕！不过，竹子的血脉还在，在它死去之后，它用生命去孕育的种子会在来年破土而出！

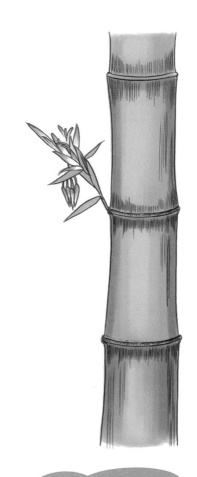

淡定虚心的品格

竹子喜欢踏实过日子，不论是热闹的山岭，还是偏僻的沟壑，它都能以一颗淡定、坚强的心态去面对。

竹子的叶子都是两两相对向下生长，好像一个"个"字。这象征着它生活的姿态——虚心、低头。但竹子始终将腰杆挺直，无论风吹雨打，这又代表着它骨子里的一种气节！

植物天地

花中之王：

牡丹

小档案

牡丹是中国传统名花，它的花朵个大而艳丽，就像国色天香的美人。人们常常称之为"花中之王"。

悠久的历史

在中国，牡丹有两千多年的人工栽培史。牡丹最得宠的时期是唐朝，当时人们对牡丹推崇备至，说它雍容华贵的姿态，颇有中华民族泱泱大国的风范和气派！

牡丹城洛阳

中国的洛阳被称为"牡丹城"。在这里的公园、街头、庭院中随处可见牡丹的倩影，洛阳人民推举它做他们的"市花"，并且每年都会举办规模盛大的"洛阳牡丹花会"。

花中君子：兰花

小档案

兰花有婀娜的身段，细长而飘逸的叶子，还有小巧精致的花朵，十分美丽动人。兰花生长在中国的南部和东部的山坡林荫下。在中国传统文化中，它与梅、竹、菊并称为"四君子"。

峭壁上的花朵

如果你以为兰花是一种很娇弱的植物，那你就错了，因为它生长在幽深的密林里、陡峭的悬崖间，依靠着并不富饶的土壤和不太充足的阳光顽强生长，开出清香的花朵。

亭亭玉立之姿

用"亭亭玉立"来形容兰花再合适不过了。它的花朵从飘逸的长叶间露出来，犹如刚刚长成的少女一般，顾盼生情，令人百看不厌。它的花瓣蓬松，就像一位纯洁的少女一样，不用过多修饰，那纯粹的美便令人情迷。

花中君子

兰花常常出现在文人墨客的诗文和图画中，"芝兰生于深林，不以无人而不芳""冬草漫寒碧，幽兰亦作花"……这些都是在赞美它生长在深山密林中，即使没人欣赏也不忘吐露清香的品格。更值得称赞的是，兰花的枝叶虽然单薄，却可以经受住严寒风霜的考验。正因为拥有这些品格，兰花才获得"花中君子"的美誉。

第八章
餐桌上的植物

　　植物一生都在为人类做贡献：生长的时候，植物为我们提供氧气；成熟之后，还能为我们提供生存所需的粮食等。现在，让我们来看看，有哪些植物经常出现在我们的餐桌上吧！

生命之源：水稻

水稻

一到秋天，田野里就像翻滚着金色的海浪，那就是水稻。水稻身高约1.2米，有着长长的、扁扁的叶子。它喜欢高温、湿润的环境。

以水稻为主食

世界上有很多国家和地区的人都以水稻为主食，如中国、东南亚各国、印度、日本、韩国等。

水稻的历史

早在7000年前的中国，河姆渡人就开始种植水稻。春秋时《管子》中的《地员》篇就记录了多种水稻的种植方法，宋代的《禾谱》则专门记载了水稻的相关资料。

杂交水稻之父

　　袁隆平被称为"杂交水稻之父"，他为中国乃至全世界的吃饭问题做出了巨大贡献。从上世纪 60 年代起，袁隆平就开始研究杂交水稻技术，终于在 1975 年研制成功。

走向世界的水稻

　　水稻最初生长在亚洲的热带地区，后来才在中国广泛种植。

　　袁隆平将水稻的品种改良之后，水稻的产量得到了极大的提升，从原来的亩产量 200 千克达到了现在的近 1000 千克。

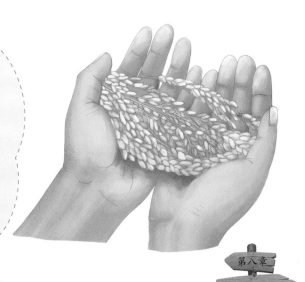

第八章

餐桌上的植物

小档案

你知道面包、面条、包子、烧饼等食品是用什么做成的吗？对，就是用面粉做的，而面粉则来源于小麦。此外，小麦还能酿酒。

小麦食品

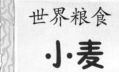

世界粮食：

小麦

悠久的历史

中东是小麦的起源地，人类种植小麦的历史非常悠久。在伊拉克北部，就有考古学家发现了8000多年前的小麦。在中国，人们种植小麦的历史也有4000多年了。

小麦

种植大国

　　小麦是现今世界上种植面积最广的农作物。中国、印度、美国、俄罗斯、加拿大、澳大利亚和阿根廷这 7 个国家是小麦的主产地，其产量占世界总产量的 57%。

不怕大雪

　　很多植物都害怕严冬，尤其害怕大雪，但小麦不怕。小麦是越冬农作物，俗语"瑞雪兆丰年"就和它有关。下雪之后，积雪好像一层棉被把小麦盖住，小麦在"棉被"里不会受到害虫的伤害，可以安心地度过冬天。

长胡须的植物：
玉米

玉米又叫玉蜀黍、苞谷，它原产于美洲。玉米的营养价值很高，蕴含的维生素是稻米、小麦的 5 倍～10 倍。除食用外，玉米也是工业酒精和烧酒的主要原料。

玉米的长胡须

玉米的茎和叶都很粗壮，茎有 1 米多高。每年六七月份时，玉米开花成穗，苞上有米粒，一颗颗聚集在一起。玉米还有一个很明显的特点，就是"棒子"顶端有一溜"胡须"。它未成熟时，这溜胡须呈鲜艳的红色；成熟之后，就变成棕色的了。

"胡须"是什么

玉米的"胡须"其实是雌蕊的柱头。因为玉米是雌雄同株的植物，雄花的花粉落到雌花上，受精后每朵小花都会发育成一颗玉米粒，而雌蕊长长的柱头就成了大家见到的"胡须"了。

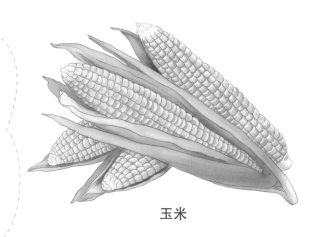

玉米

漂洋过海而来

人类种植玉米的历史悠久，在公元前 7000 年，美洲的印第安人就已经开始种植它了。大约在 16 世纪中期，玉米就来到中国了。到了明朝末年，玉米的种植面已遍布十几个省，如河北张家口就被称为"玉米之乡"。

浑身是宝的植物：高粱

小档案

高粱也是常见的农作物之一，它的植株高大，有 3 米 ~ 4 米。高粱的叶子又长又窄，长达 50 厘米。

高粱用处大

高粱在中国栽培的范围较广，其中以东北为最。高粱的颖果可以吃，也可以酿酒，还可以制成糖。另外，它的颖果还能入药，具有除湿祛痰、静心安神之功效。

酒的发明

传说，发明酒的人叫杜康。他偶然之中把用高粱做成的饭存放在树洞中，时间久了，高粱饭就发酵成了高粱酒。

植物天地

五彩斑斓的植物：
谷子

小档案

很多人都会把谷子和水稻混为一谈，他们可是不同的农作物。谷子在古代又叫稷、粟，主要栽培区是中国的黄河中上游地区。

悠久的历史

一万多年前，人类就开始了农业生产，谷子成为中国各民族首选的栽培作物。粟、黍的种植标志着中国北方原始农业的开端。

五彩的谷子

谷子的谷穗上有刺毛，每穗结实达数百至上千粒，子实极小，去皮后俗称小米。它的稃壳有白、红、黄、黑、橙、紫各种颜色，俗称"粟有五彩"。

第八章
餐桌上的植物

植物天地

甘薯

舶来品：
甘薯

营养佳品

甘薯富含蛋白质、淀粉、果胶、纤维素、维生素及多种矿物质，有"长寿食品"之誉。人们将它切条、晒干后可做成地瓜干，这可是美味啊！

小档案

甘薯又称为红薯、白薯，还被叫做番薯、地瓜等。甘薯有着长长的藤，这些藤全部匍匐在地上，蜿蜒而行。

舶来品

从世界范围来看，甘薯在亚洲的产量最高。它在中国的分布范围也很广，主要分布在淮海平原、长江流域和东南沿海各省。尽管如此，甘薯的故乡并不在亚洲，而是在美洲。

作为一种食物，辣椒非常特别，因为它很辣。明朝时期，辣椒来到中国，和这里的人们结下了不解之缘，深受湖南、四川等地人们的欢迎。

超级"军火库"：
辣椒

丰富的营养

辣椒营养丰富，不仅能够促进消化液分泌，增进人们的食欲，还可以促进人体血液循环，达到舒筋活血的作用。

最辣的辣椒

印度有一种辣椒，一般人闻到一点儿它的辣味，就会立即流出眼泪。2007年，它被吉尼斯世界纪录确认为"世界上最辣的辣椒"。

夏天结"冰霜"：
冬瓜

名字之谜

　　冬瓜在夏季成熟，可是它为什么叫"冬瓜"？因为冬瓜成熟后，通常青色的表皮外面会有一层白白的、粉末状的东西，就好像冬天里结的霜，所以被称为"冬瓜"。

　　除了作为蔬菜之外，冬瓜的果肉还能被制作成糖果。它的果皮和种子还有消炎、利尿、消肿的药用功效。

紫色的蔬菜：
茄子

小档案

茄子的颜色大多是紫色或紫黑色，是少见的紫色蔬菜之一。它的形状多样，有的像皮球，圆而胖；有的像鸭梨，上小下大；有的像月牙儿，又长又弯。

色彩鲜艳的"毒果"：
西红柿

小档案

西红柿又叫番茄，它富含营养，营养学家说：每天食用3个西红柿，就可以满足人体对维生素和无机盐的需要。

曾经的误会

西红柿的果实鲜红欲滴，十分美丽。不过，在很久以前，人们认为西红柿有毒，没人敢吃。后来，一位勇敢的人吃下西红柿后，并没有出现任何异常，西红柿才被广泛传播到全世界。

第九章
小植物大价值

　　很多植物看起来一点儿也不起眼，但是它们有着很大的价值——有的植物有很高的食用价值，如花生、大豆；有的植物有很高的经济价值，如芝麻、茶叶；有的植物有很高的药用价值，如橘梗。现在，就让我们去认识一下这些"小个子"吧！

植物天地

小档案

黄豆是一年生草本植物，是世界上最重要的豆类。中国栽培黄豆已有5000年的历史。世界各地栽培的黄豆都是从中国传播出去的。

豆中之王：
黄豆

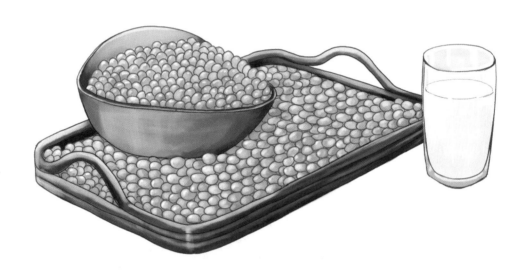

黄豆的故乡

你是不是经常吃豆腐、豆豉这些食物呀？这些都是用黄豆做成的。黄豆的故乡在中国，东北是它生长的黄金地带。

豆中之王

黄豆营养丰富，含有大量的不饱和脂肪酸、微量元素、维生素和蛋白质，被称为"豆中之王"。此外，黄豆还是非常重要的榨油原料。

长生果：
花生

素中之荤

花生营养丰富，含有大量蛋白质，脂肪含量也高达45%。因此，它被誉为"植物肉""素中之荤"。除了可以榨油外，它还可以炒、炸、煮食，制成花生酥等各种糖果或糕点。

小档案

"麻屋子，红帐子，里面住着个白胖子。"这个谜语说的就是花生，它又叫落花生等。

寓意美好

花生还叫长生果，是吉祥喜庆的象征，它是传统婚礼中必不可少的"利市果"，寓意多子多孙、儿孙满堂。

花生

第九章
小植物大价值

名不副实的植物：
棉花

棉花

小档案

人们说的"棉花"并不是花，而是果实。棉花在中国的产量很大，在世界范围内都是名列前茅的。

棉花的历史

棉花的故乡并不在中国，而是在印度和阿拉伯等地区。宋朝末年，棉花才开始在中国种植。明朝建立之后，皇帝朱元璋下令在全国种植棉花，于是它在中国得以广泛传播。

彩色的棉花

除了常见的白色，棉花还有很多其他颜色，如红色、绿色、黄色、棕色等颜色，这就是彩棉。彩棉是天然存在的，也可以制成对应颜色的棉制品。

甘甜如饴的植物：

甘蔗

甘蔗含有丰富的糖分，是制糖的主要原料。除此之外，还可以提炼甘蔗中的乙醇作为能源替代品。

小档案

甘蔗的味道甘甜，水分充足。甘蔗的秆很直、很粗壮，表面常常有一层白色的粉末。它的叶子很长，边缘呈锯齿状，像锯子一样。

甘蔗的起源

关于甘蔗的原产地，有人说是印度，有人说是新几内亚。公元前4世纪，亚历山大大帝东征印度，其手下一位将领曾说印度出产一种不需要蜜蜂就能产生蜜糖的草，那就是甘蔗。

97

第九章

小植物大价值

哪个部分最甜

在生长过程中，甘蔗需要不断消耗养分。因此，甘蔗没有成熟之前，一点儿都不甜。但成熟之后，甘蔗一方面能制造出更多的糖分，一方面消耗的养分也会减少。时间一长，就有很多糖分贮存在它的下部分，所以它的下段比上段甜。

蔗糖的来源

在很多饮料的包装上，常常能看见其成分里含有蔗糖。蔗糖是用什么做成的呢？甘蔗、甜菜等都能被制成蔗糖。另外，冰糖、白糖、红糖也都属于蔗糖类。

开花节节高：

芝麻

芝麻遍布热带地区，植株高50厘米～100厘米。芝麻的出油率非常高，常被大量用于榨油。

芝麻的种子

芝麻的种子有黑、白两种。白色的含油量较高，主要用于榨油；黑色的有进补、药用的价值。

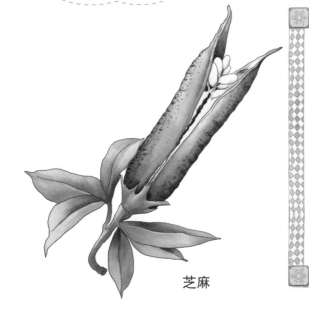

芝麻

芝麻开花节节高

进入成熟期后，芝麻每开花一次，就会长高一节；接着再开花，再继续长高。开花就意味着结籽，就意味着丰收。所以，人们常用"芝麻开花节节高"来表达情况越来越好。

第九章
小植物大价值

植物天地

茶叶与可可、咖啡并称为当今世界的三大无酒精饮料，茶叶居世界三大饮料之首。

文化传承者：
茶叶

中国名茶

在中国，茶叶产量很大，品种也很多。如果人们在清明前后将茶叶从茶树上摘下来，味道是最好的。西湖龙井、洞庭碧螺春、黄山毛峰、都匀毛尖、六安瓜片、君山银针、信阳毛尖、武夷岩茶、安溪铁观音、祁门红茶，被誉为"中国十大名茶"。

茶学著作

茶文化在中国具有非常悠久的历史，唐朝时期，著名学者陆羽就写了世界上第一部关于茶文化的专著——《茶经》。

完美零食：
苹果

苹果

爱换装的苹果

苹果非常"爱美"，一年要换好几次"外衣"！没成熟时，它穿着一件青色的外衣；将要成熟时，它就换上黄中带绿的外衣；熟透时，它又换上一身喜庆的大红色外衣。

小档案

苹果的膳食纤维含量丰富，含有大量的果胶，对消化系统大有好处，经常吃可使皮肤更水润。同时，苹果的味道清脆可口，价格适中，购买方便，所以被人们称为"完美零食"。

植物天地

营养丰富

苹果的营养价值很高，有丰富的维生素C、矿物质、糖类等身体所必需的营养成分。它还含有多种纤维素，这些纤维素不仅对人体的生长发育有利，还能增强人的记忆力。

悠久的历史

中国原来产的苹果叫绵苹果，这在秦汉时期就有记载，在魏晋时期已经有人进行栽培了，所以苹果在中国的栽培历史已有两千多年了。中国陕西、甘肃、新疆、青海至今仍分布着绵苹果。

小档案

秋天，橘子成熟了，金黄色的果实就像一个个小灯笼挂在树上，漂亮极了。橘子味道酸甜爽口，很受人们欢迎。

枝头小灯笼：
橘子

营养丰富的橘子

橘子味道可口，而且营养丰富。只要吃一个，就几乎能满足人体一天所需的维生素C的含量。橘子的其他营养成分有降血脂、抗动脉粥样硬化等作用，对于预防心血管疾病的发生也大有益处。

呼吸的"毛孔"

橘子的果实外表并不像苹果一样光滑，上面有许多小毛孔，凹凸不平，就像老人家的手一样。它的果皮中还能散发出一种清香，香味可以和花香媲美。

陈皮的妙用

橘子的果皮可以做中药材，叫"陈皮"。对有咳嗽、消化不良、高血压等症状的人，陈皮有很好的作用。爱熬夜的人也喜爱它，因为陈皮含有较为丰富的维生素和香精油，将它洗净泡茶喝，能起到提神、通气的效果。

除此之外，橘子的果皮释放的香气，有去除异味、驱赶蚊虫的作用。

梨子是最常见的水果之一，既含有丰富的营养，还有很多药用功效。梨既可生吃，也可蒸煮后食用，味美多汁，甜中带酸。

全科医生：
梨子

金黄色的果实

当炎热的夏天到来时，梨子就会穿上一件浓绿的衣裳，一个个挂在枝头。秋天时，这些果实就变成金灿灿的，好像全部换上了金黄色的"铠甲"，"铠甲"上还点缀着许多小斑点。

梨子

全科医生

梨子不仅汁水甘甜，还是一剂良药，有着神奇的镇咳功效。感冒咳嗽时，人们喜欢把它放在锅里，加上冰糖一起炖，这对止咳有很好的效果。现在的空气质量不好，多吃梨子，不仅可以改善呼吸道以及肺的功能，还能保护肺部免受灰尘和烟尘的影响，所以医生常说梨子是"全科医生"。

有趣的传说

传说，唐朝宰相魏征的母亲久咳不愈，因为她觉得药太苦而不肯吃药。于是，魏征在汤药中加入梨子和糖，做成了梨膏糖，甘甜适口。母亲尝了一口之后，大为欢喜，服用几天后，病情逐渐好转了。

106

吉祥水果：
桃子

小档案

桃子的颜色很漂亮，有红色、黄色、浅绿和白色等；它的形状也有很多，有心形、卵形和扁圆形。春天时，桃树开花了，大片大片的，好看极了。

吉祥的象征

一直以来，桃子就被人们称作是吉祥的象征。它的形象常常被画家、雕刻家绘刻在墙壁、家具上；在给老人祝寿的时候，桃子更是不可缺少的部分，因为它代表了长寿安康。

喜欢簇拥的花朵

　　春天，桃花总是争抢着在枝头绽放，它们有些是淡红色的，有些是深红色的，还有些是白色的，看上去像天边的彩霞，漂亮极了！花朵可爱热闹了，它们总喜欢一簇一簇地拥在一起，仿佛有说不完的悄悄话！

穿"毛衣"的果实

　　桃子有一个特殊的爱好，那就是喜欢穿"毛衣"。和它"握过手"的人都知道，它的表皮长满了细细的茸毛。这些毛很爱沾在人的皮肤上，引起皮肤瘙痒等症状，所以你要注意洗手哦！

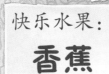

快乐水果：

香蕉

小档案

香蕉是一种生活在热带地区的水果，它和伙伴们簇拥在一起一串一串地生长。成熟之后，香蕉是金黄色的、长而弯的样子，看上去就像一轮弯月。

奇特的叶子

香蕉的树干挺直、光滑，叶子看起来很奇特，一般有 2 米多长，0.6 米宽，看起来仿佛是《西游记》里的芭蕉扇。这些巨大的"扇子"不仅好看，还能为香蕉遮风挡雨。

快乐水果

香蕉含有丰富的蛋白质、糖、钾、维生素A和维生素C等重要的营养元素。它不仅可以抑制皮肤中细菌和真菌的滋生，还可以帮助人们健康减肥。除此之外，香蕉还含有一种能使人变得愉快的物质，能缓解人的忧郁，所以欧洲人常称之为"快乐水果"。

喜欢换装

在成长过程中，香蕉非常喜欢"换装"！没成熟的时候，香蕉穿着一件青色的外衣；成熟之后，它就会换上一件时尚的黄色"外套"。这是不是很有趣啊？

水晶明珠：

葡萄

小档案

葡萄是一种人们喜欢吃的水果，它看起来晶莹剔透，吃起来甜美多汁。葡萄对土壤的要求不高，不同的土壤还能产生不同的大小和口味。

水晶明珠

葡萄是一种能以最少投入换回最丰厚回报的水果，被人们称为"水晶明珠"。葡萄营养丰富、用途广泛，是水果中的珍品。它既可鲜食，又可加工成各种产品，如葡萄干、葡萄酒、葡萄汁等。

种类繁多

葡萄的品种繁多，因产地和品种不同而口感略有差异。穿着紫红色"礼服"，显得端庄典雅的叫作"京秀""粉红亚都蜜"；身着淡黄色"裙子"、晶莹剔透的是"白玉""白马奶"和"维多利亚"；穿着粉红色"外衣"、大如乒乓球的是诱人的"红地球"；还有外形细长、味甜爽口的"美人指"葡萄。

吃葡萄不吐葡萄皮

科学家说葡萄皮含有花青素，它是一种天然的抗氧化剂。人体里有一种新陈代谢产生的自由基，它能使人衰老，并能引起多种慢性疾病。而花青素能保护人体免受自由基的损害。

第十章
花的海洋

　　从古至今，花都是美好事物的代名词，因为花是天地灵秀之所钟，是美的化身。花的颜色绚烂多彩，花的气味芬芳扑鼻，花的形态摇曳多姿，这怎能不让人喜爱呢?

植物天地

不畏严寒：
梅花

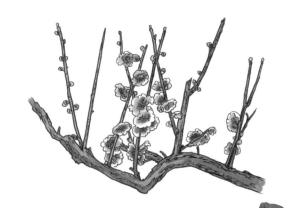

小档案

自古以来，人们就喜欢梅花，欣赏它那迎雪绽放的精神。梅花的品种很多，香味清新，颜色也有很多，有白色、红色、粉红等。梅花的枝干细而弯曲，叶子很少。

傲雪凌霜的梅花

在寒冷的冬天，百花凋谢，只有梅花在绽放；天气愈是寒冷，愈是风欺雪压，梅花就开得愈精神。伟大领袖毛泽东就非常喜欢梅花，还专门以它为主题写过一首诗词——《卜算子·咏梅》，其中的诗句"已是悬崖百丈冰，犹有花枝俏"表达了他对梅花的赞美。

梅花的寓意

梅花是中华民族的精神象征，具有强大而高洁的感染力，还常被民间作为传春报喜的吉祥物。

梅花的价值

在人们看来，梅花具有冰清玉洁、纯真高雅的气质，还有很大的经济价值，尤其是在园林装饰方面。梅花的果实生吃可生津止渴，也可以入药，具有解热镇咳、驱虫止痢的功效。

第十章

花的海洋

花中皇后：月季

小档案

月季又叫月月红，它的茎上有刺。月季植株健壮，花生于枝顶，花朵较大，花色众多、鲜艳明快。因此，它被人们赋予"希望、幸福、光荣、美艳长新"的寓意。

生长习性

月季喜欢阳光充足、空气流通的环境。月季的适应性很强，耐寒耐旱，对土壤要求不高。22℃～25℃是它最喜欢的温度。

各色月季的象征

月季的颜色各异，有红色、白色、粉红色、黄色等。花朵颜色不同，寓意也不一样。红色表示纯洁的爱、热恋或勇气等；白色寓意尊敬、崇高和纯洁；粉色代表初恋。

香草之后：
薰衣草

小档案

薰衣草的颜色众多，有蓝紫色、粉色、白色等，最常见的是蓝紫色的。薰衣草通常在6月开花，有"等待爱情"的美好寓意。

香甜的薰衣草

无论什么颜色，薰衣草都带有淡淡的木头香味，这是因为它的花、叶和茎上的绒毛能释放出香气。

植物天地

薰衣草的历史

中古时期，西欧国家就已经广泛使用薰衣草了。人们通常把它做成香包放在橱柜中，用来驱虫、杀虫。古罗马人盛赞它的抗菌力，所以他们喜欢用薰衣草来沐浴泡澡和制作成清洁剂等。

外景拍摄地

在薰衣草盛开之时，它那美丽的花朵层层叠叠，宛如深紫色的波浪，上下起伏，十分怡人。再加上薰衣草美好的寓意，使得种植薰衣草的地方成为热门的婚纱照外景拍摄地。

勤娘子：
牵牛花

小档案

牵牛花的藤蔓很细长，花朵像喇叭一样，花色鲜艳美丽。牵牛花喜欢生活在气候温和、光照充足、通风良好的环境，对土壤适应性强，不怕高温酷暑。

美丽的小喇叭

牵牛花翠绿的叶子层层叠叠，细嫩而有力的藤蔓紧紧地缠绕在树木或者支架上，不断地往上攀缘。夏天，它的花朵竞相绽放，像一个个小喇叭，有的是紫红色，有的是蓝色，十分漂亮可爱。

第十章
花的海洋

植物天地

"勤娘子"的由来

夏秋时的凌晨4点，牵牛花悄悄地绽放了，所以人们称之为"勤娘子"。牵牛花为什么这么早就开花呢？这是因为早晨空气湿润，阳光柔和，最适合牵牛花开花了。此外，它需要蜜蜂、蝴蝶等昆虫传播花粉，而蜜蜂、蝴蝶喜欢在早晨活动。

梅兰芳大师的故事

著名京剧表演艺术大师梅兰芳特别喜欢牵牛花，因为它在清晨开花，比梅兰芳起床还要早。这样，他一边看牵牛花盛开，一边练习身段。他认为牵牛花秀冠柔条，开的花虽不少，但没有香味，别有一番朴素的美丽。

带刺的美人：蔷薇

蔷薇家族

蔷薇的家族很大，月季、玫瑰等都是其中的成员，但因为它们太有名气，所以现在人们多用"蔷薇"来特指野蔷薇。蔷薇原产于中国中部及南部，喜欢密集地生长在一起。

小档案

蔷薇是一种常见的观赏性植物，广泛分布在亚、欧、北非、北美各洲寒温带至亚热带地区。蔷薇开花时，粉红、嫩黄、雪白的花朵就会挂满枝头，分外美丽。

第十章

花的海洋

铁娘子

蔷薇是自然界中的"铁娘子"，它有惊人的环境适应能力，耐干旱、耐贫瘠，给它一抔黄土，它就能开出灿烂的花朵。蔷薇的茎上有很多小刺，如果你敢侵犯它，它一定会让你付出代价！

蔷薇花拱门

在美国的亚利桑那州，有一株长得像拱门的蔷薇非常有名，它的主藤要两个人合抱才能抱住，比一个成年人还要高。人们先用门形支架让它缠绕生长，等主藤长到足够粗壮时，人们就撤去支架，而蔷薇也不会倾倒，仍然保持拱门的形状。

瞬间的永恒：昙花

"昙花一现"的由来

昙花洁白美丽，幽香四溢，因为是在晚上八九点才开放，而且只有三四个小时的花期，开放后很快就凋谢，因此人们用"昙花一现"来形容稀有的事物出现不久就消逝。

植物天地

晚上开花的原因

昙花的故乡是美洲的热带沙漠地区，当地白天气温高，夜晚气温较低。于是，它才在晚上开花，这样花朵既可以避开强烈的阳光，又能减少水分的流失。

关于昙花的传说

相传，一位叫昙花的花神和每天给她浇水、除草的年轻人相恋。玉帝得知后勃然大怒，把昙花变成了一朵小花，让她每年只有一个时辰的花期，还把年轻人送去灵鹫山出家，赐名韦陀，让他忘记前尘和花神。

后来，韦陀果真忘了花神。而花神昙花怎么也忘不了那个年轻人。后来，花神打听到韦陀每年暮春时节都要下山采集朝露茶。于是她选择在这时盛开，只希望能见心上人一面，于是就有了"昙花一现，只为韦陀"的美谈。

124

第十一章
树的王国

　　树木不仅能吸收二氧化碳、释放氧气、维持地球的生态平衡，还是天然的"吸尘器"，能拦截、过滤、吸附空气中大量的粉尘和污染物。如果没有树木，地球将成为一个缺乏生机的星球。

长 "鼻子" 的植物：

木榄

小档案

木榄树干粗长，有膝状呼吸根。树皮是灰色和黑色的，内部是紫红色的。叶子对生，呈椭圆形，具有长柄，喜欢生长在热带海边。

胎生植物的一员

木榄是红树植物家族中的一种，属于胎生植物。人们按照生物进化地位给胎生家族排了个 "梁山位次"，木榄位列第二。

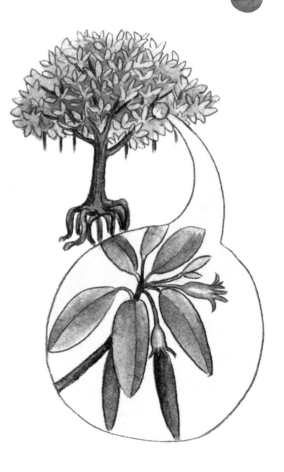

鸡蛋状的叶片

木榄的叶子很有特点，它的形状像鸡蛋，如果把叶片翻过来观察，你会看见叶片背面边缘是紫红色的。

木榄的鼻子

木榄长大后，埋在淤泥里的树根有一部分会迅速朝地面生长，并且露出地面。接着，这些露出地面的根的向阳面慢慢向下弯曲，又重新钻入泥土中，这样就形成了膝盖的形状。这些"膝盖"就是木榄用来呼吸的特殊根，它的功能就像人类的鼻子。

127

第十一章

树的王国

爱共生的植物：

桐花树

桐花树的叶子

小档案

桐花树是组成红树林的重要树种之一，也是神奇的胎生植物。它的叶子呈倒鹅卵形，纹路较为清晰，叶柄带有红色。果实像羊角，叶面还能排出盐分。

特殊的叶子

桐花树的叶子正面经常有亮晶晶的小盐粒。这是因为它生活在海边，会吸收海水中的盐分，经过千万年的进化，它学会了用叶子来排除身体中多余盐分的本领。

喜爱共生

桐花树常与藻类植物共生，保持着生态平衡。可是，如有过多的藻类缠绕在它身上，就会影响桐花树的光合作用，从而使它枯萎甚至死亡。

桐花树

好客的特点

桐花树多生长在泥滩上，经常有很多动物栖息其上，比如海葵、螺类、蟹类等，这些活泼的"小客人"为桐花树生长的泥滩营造了一片生机。除此之外，白鹭等鸟儿也常来它这儿做客。所以桐花树算是一个好客的"主人"！

129

第十一章
树的王国

小档案

银杏生长在温带和亚热带。它生长速度较慢，寿命极长，它的叶子像一把小扇子。银杏在幼苗时，树皮平滑，但长成之后，树皮就有了很多裂纹。

植物活化石：银杏

银杏

植物"活化石"

银杏历史悠久，是第四纪冰川运动后遗留下来的最古老的裸子植物，是世界上十分珍贵的树种之一，因此被称为植物界中的三大"活化石"之一。

千年的树龄

银杏从种子破土到结出果实需要20多年，40年后才能大量结出果实。不过现在经过人工培育嫁接后，3年~4年就可以结果。

山东日照浮来山的定林寺内有一株银杏，相传是商周时期种植的，现在已有3000多年的历史；在山东泰安的礤石峪隐仙观下面的山谷中，也有两棵超过千年树龄的银杏。

城市的绿化树

因独特的扇形叶片以及黄澄澄的果实，银杏深受人们喜爱；而且其不易落叶，所以现在很多城市都将银杏作为绿化树。

第十一章

树的王国

树中之象：
猴面包树

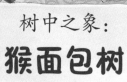

猴面包树的树冠很大、木质疏松，树杈千奇百怪、酷似树根，树形壮观，果实巨大如足球、甘甜多汁。它喜欢生活在热带地区。

大胖子树

由于猴面包树的树冠直径最大可达 50 米以上，看上去像个大胖子，因此人们又称它为"大胖子树"或者"树中之象"。

猴面包树的果实

猴面包树的果实略带酸味，含有大量水分，是猴子、猩猩、大象等动物最喜欢的美味。当果实成熟时，猴子经常成群结队地爬到树上摘果子吃，"猴面包树"的称呼由此而来。

生命树

猴面包树是非洲最奇特的植物之一，树干处的木质像海绵一样疏松，可以储存大量水分。因此，它是沙漠旅行者的福星，只要用小刀在树上挖一个小洞，清泉便会喷涌而出，所以它又叫"生命树"。

133

第十一章

树的王国

植物界的熊猫：
水杉

在植物界中，水杉是中国特有的植物，只分布在中国华中部分地区。它与大熊猫一样稀少，所以水杉又被称为"植物界的熊猫"。

小档案

水杉是植物界中的元老之一，在地球上生活了近1亿年。它的树形秀丽，树干笔直挺拔，叶子细长、向下垂着，入秋以后便会脱落。水杉的适应性很强，生长极为迅速。

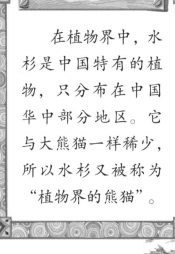

绿色的"宝塔"

水杉的树干又粗又壮，笔直地向天空生长。树干靠近地面的枝条都长得又粗又长，且生长的树叶很多；但是慢慢到树顶上，枝条又细又短，树叶也少了一些，看上去像一座绿色的宝塔。

美丽传说

传说在冰川时期，土家族只剩下一个男孩和一个女孩，在他们快要冻死时，他们找到了水杉。他们顺着水杉的树干往上爬，最终到达了温暖的"天堂"，两人得以存活并繁衍后代，才有了现在人丁兴旺的土家族。

第十一章
树的王国

植物天地

小档案

珙桐很高，有15米～25米，枝叶繁茂，花是白色的，花形像鸽子展翅。珙桐生长在海拔700米～1600米的深山云雾中。

中国鸽子树：

珙桐

名字的由来

珙桐开花时，白色的花苞在绿叶中浮动，犹如千万只白鸽栖息在树梢枝头振翅欲飞，因此它又被称为"鸽子树"，珙桐还有象征和平的意义。

活化石

珙桐花奇色美，是 1000 万年前新生代第三纪留下的子遗树种。在第四纪冰川时期，很多珙桐都死了，只有中国南方一些地区的珙桐幸存下来，成为了当今植物界的三大"活化石"之一。

动人的传说

王昭君远嫁匈奴时，她喂养的白鸽"知音"也一起来到匈奴。三年之后，知音和一群白鸽带着昭君的信返回故乡。经过千难万险，它们终于把信带到了昭君的故乡。可它们实在太累了，就停在珙桐身上休息，再也没有醒来，并继而化作了展翅欲飞的雪白鸽子花。

第十一章
树的王国

马褂木

鹅掌楸的叶片宽大，像大白鹅的脚掌，它因此而得名。提着叶柄看，它的叶子又像一件大马褂，因此它又叫"马褂木"。

中国的郁金香树：鹅掌楸

小档案

鹅掌楸的叶子较大，花朵呈黄绿色，花形像郁金香。树高可达60米，树干笔直光滑。它的生长速度很快，对病虫害的抵抗力极强，喜欢生长在阳光充足、温和湿润的地方。

鹅掌楸树叶

138

中国的郁金香树

鹅掌楸的花瓣向上伸展，像杯子和碗。金黄色的雄蕊亭亭玉立，围绕在中间柱形的雌蕊旁边。因为鹅掌楸的花和郁金香形状相似，因此它被人们称作"中国的郁金香树"。

鹅掌楸的花

濒临灭绝

鹅掌楸的花朵颜色素雅，没有特别的香味，因此帮它传粉的昆虫少之又少。再加上雌蕊、雄蕊成熟的时期不同，它也无法自己给自己授粉。因此鹅掌楸只能靠风力或途经的动物等外界因素来传粉，这样就大大降低了鹅掌楸的繁殖率。所以，它现在的数量也极少，是珍稀植物。

139

第十一章

树的王国

植物天地

植物界国宝：
银杉

小档案

银杉主干高大笔直，枝叶茂密，叶子像针，叶片背后有银色气孔带。它喜欢生长在夏凉冬冷、雨水多、湿度大、多云雾的环境中。

独留一脉在中国

　　银杉的历史悠久，是300万年前残留下来的物种，是中国特有的植物，它与银杏、珙桐并称为植物界三大"活化石"。300多万年前，银杉曾广泛分布于北半球的欧亚大陆，但受冰川时期的气候影响，只有亚洲部分地区的同伴得以幸存。如今，中国是银杉最后的避难所，但数量极少，只有几千株，时刻面临着灭绝的威胁。

第十二章

药用植物

　　一般的药用植物，是指医学上用于防病、治病的植物。我国早在几千年前就开始利用中草药为人类治疗疾病了，直到今天，药用植物仍在治病保健方面发挥着重要的作用。

百草之王：
人参

人参生长在昼夜温差小、海拔500米～1100米的山地中。它的根部肥大，全貌仿佛是有头、手、足的人，所以被称为人参。中国东北是人参的著名产地，而其中又以长白山人参最为出名。

人参

百草之王

自古以来，人参具有强身健体、益寿延年的功效，因此它被称为"百草之王"。经现代医学研究，人参含有皂甙和多糖类成分，能够促进人体血液循环，调节人体的新陈代谢。

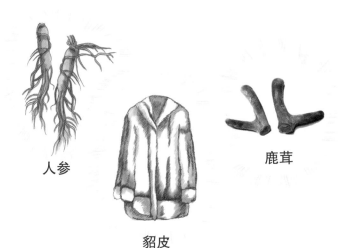

人参

貂皮

鹿茸

东北三宝

在古代，人参的雅称有黄精、地精、神草等。它还是闻名遐迩的"东北三宝"（人参、貂皮、鹿茸）之一，是驰名中外、妇孺皆知的名贵药材。

强大的药用功效

自古以来，中医对人参的药用功效赞赏有加，因为它具有补五脏、安精神、定惊魂、止惊悸、除邪气和明目等强大功效。

植物天地

花中处士：
桔梗

桔梗与橘子并没有什么关系，它们是完全不同的两种植物。桔梗是多年生草本植物，植株高40厘米～90厘米，有着漂亮的蓝紫色或蓝绿色的花朵。

花中处士

桔梗的花朵常生于梢头，含苞时如僧帽；花冠倒垂时就像古代的钟。花朵娇而不艳，给人一种宁静高雅的感觉，被人们称为"花中处士"。现在，桔梗常被人们栽培于庭院中。

桔梗

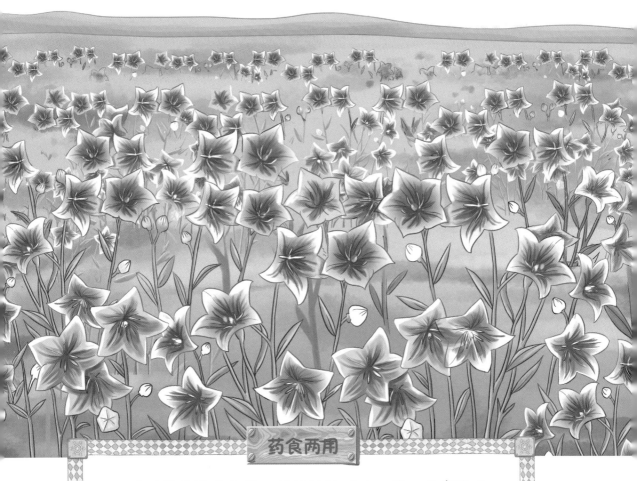

药食两用

　　除了花朵漂亮之外，桔梗的根可以入药，具有消炎、镇咳、祛痰、抗溃疡、抗过敏等用途。此外，它还可以作为食材。因此，桔梗是一种"人气"很旺的药食两用植物。

它的传说

　　传说，一位朝鲜族姑娘名叫道拉基。一次，道拉基被地主抓起来抵债，她的恋人愤怒地杀死地主，结果被关入监牢。姑娘听闻消息后悲痛而死。后来，道拉基的坟上开出了一种紫色的小花，人们叫它"道拉基"——桔梗的朝鲜语。

第十二章

药用植物

降火良药

自古以来，金银花就是一种很受欢迎的良药，它能够起到清热解毒的作用，对暑热、咽喉肿痛等都有很好的疗效。如果人们上火了，可以用金银花煎水喝下，几天后就会痊愈。

降火良药：
金银花

小档案

金银花是一种坚强的植物，对土壤要求不高，对环境的适应能力非常强，无论生存环境多么恶劣，它都会在春天开出花瓣卷曲的美丽小花。

金银花又叫忍冬花，它刚绽放的时候是白色的，后来就变成黄色。金银花耐得住严寒，不管冬天多么寒冷，它都不会轻易倒下。

美丽的传说

在很久以前，有个村庄流行起一种怪病——很多村民高烧不退，浑身泛起红斑，不久之后就命丧黄泉。后来，村里的"金花""银花"姐妹俩挺身而出，外出寻医问药。历尽千辛万苦，她们终于寻得一种草药治好这种怪病——这就是金银花。得救后的村民为了感谢两姐妹，把它叫作"金银花"。

金银花

第十二章

药用植物

与众不同的植物：
夏枯草

夏枯草

小档案

夏枯草是一种与众不同的植物，别的植物在夏天郁郁葱葱，充满生机，但它在夏季却枯萎。它的茎很直，高20厘米～30厘米，有淡淡的紫色，上面还长着细细的绒毛。

不起眼的药材

夏枯草看上去虽然不起眼，但它可是药材中不可缺少的哟！它具有清火明目、清肝火、降血压、散结消肿等功效。

"干枯"的果穗

夏枯草的果穗形状很独特，远远看去就像是一根干枯的木棍。当你拾起它时，你会特别失望，因为它轻飘飘的。夏枯草的营养丰富，还具有一定的药用价值，因此它被人们用于烹制多种菜肴，如炖猪瘦肉、煲鸡脚等。

夏枯草的果穗

它的传说

从前，有一位书生叫茂松，多年都未能考取功名，最终因心生郁闷而患了淋巴结核。医生对此束手无策。有一天，他找到了名医神农，神农把夏枯草送给他。茂松回到家里之后，按照神农的方法服用下去，几天后病就痊愈了。

第十二章
药用植物

浑身腥味的植物：
鱼腥草

鱼腥草

小档案

人们经常会在水沟边看见一种长有心形叶子、散发浓烈鱼腥味的植物，这就是鱼腥草。

鱼腥草用处大

鱼腥草的气味特别，营养丰富，还具有很多药用功效，如清热解毒、消痈排脓、利尿通淋等。如果不小心吃坏了肚子，也可以请它来帮忙。鱼腥草的根又嫩又脆、微辣带腥，既能凉拌、炒食，也可以腌制或制作成茶、酒、汽水等食品。

会变胖的果实：

胖大海

小档案

胖大海并不胖，它只有荔枝核那么大一点儿。胖大海生长在越南、印度、马来西亚等地。每年的4月～6月是它的成熟期。

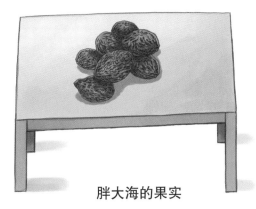

胖大海的果实

名字的由来

胖大海具有清热润肺、润肠通便等功效，所以人们喜欢将它泡水饮用，它一遇到热水就会迅速膨胀，瞬间变成一团软软的海绵状。所以，人们称之为胖大海。

第十二章

药用植物

图书在版编目（CIP）数据

植物天地 / 九色麓主编 . –– 南昌：二十一世纪出版社集团，2017.6
（奇趣百科馆；2）
ISBN 978-7-5568-2694-0

Ⅰ.①植… Ⅱ.①九… Ⅲ.①植物–少儿读物 Ⅳ.① Q94-49

中国版本图书馆 CIP 数据核字 (2017) 第 114751 号

植物天地　　九色麓 主编

出 版 人	张秋林
编辑统筹	方 敏
责任编辑	刘长江
封面设计	李俏丹
出版发行	二十一世纪出版社（江西省南昌市子安路 75 号　330025） www.21cccc.com　cc21@163.net
印　　刷	江西宏达彩印有限公司
版　　次	2017 年 7 月第 1 版
印　　次	2017 年 7 月第 1 次印刷
开　　本	787mm×1092mm　1/16
印　　数	1–8,000 册
印　　张	9.5
字　　数	80 千字
书　　号	ISBN 978-7-5568-2694-0
定　　价	25.00 元

赣版权登字 –04-2017-366

（凡购本社图书，如有缺页、倒页、脱页，由发行公司负责退换。服务热线：0791-86512056）